Jacques Babinet

La Terre avant les époques géologiques

Le savoir
en poche

ISBN : 978-1546624660

10 9 8 7 6 5 4 3 2 1

Jacques Babinet

La Terre avant les époques géologiques

Le savoir
en poche

Table de Matières

La Terre avant les époques géologiques   6

La Terre avant les époques géologiques

Namque canebal uti magnum per inane coacta
Semina terrarumque animaeque marisque fuissent,
Et liquidi simul ignis : ut his exordia primis
Omnia, et ipse tener mundi concreverit orbis.

Il disait dans ses chants comment au sein de l'immensité de l'espace s'étaient rassemblés les principes de la terre, de l'air, de l'eau et du feu ; comment avec ces éléments primitifs s'était formée la nature entière, et le globe terrestre lui-même encore dans l'enfance. (VIRGILE, *Eglogues*.)

La fin du siècle dernier et le commencement de celui-ci ont été illustrés par les travaux d'un géomètre du premier ordre, Laplace, que l'on a souvent appelé le *Newton français*, au grand honneur de l'un et de l'autre de ces éminents génies. On a dit depuis longtemps qu'Homère avait fait Virgile, à quoi les partisans du poète romain répondaient que si Homère avait fait Virgile, c'était sans contredit son meilleur ouvrage : on pourrait dire la même chose de Newton par rapporta Laplace. Toutefois, en reconnaissant que Laplace, ainsi que Newton, appliqua à l'astronomie théorique sa puissante organisation mathématique, il faut reconnaître aussi que l'objet de leurs travaux fut bien distinct. Newton, fort des principes de la mécanique inaugurée par Galilée et de la grande loi de l'attraction universelle découverte par lui-même, avait dévoilé le secret des mouvements celestes, sur quoi Lagrange, contemporain de Laplace, disait presque avec humeur : « Il faut avouer que Newton a été bien heureux de trouver un monde à expliquer ! » Mais ce même Newton, dont la réputation en France et dans le monde entier fut si redevable à Voltaire et à Mme Du Châtelet, après avoir entrevu que l'influence réciproque de toutes les planètes devait troubler leur marche et les faire dévier de l'ellipse parfaite que seules elles décriraient autour du soleil, crut que tôt ou tard cette cause perturbatrice dérangerait le monde, et qu'enfin l'univers *aurait besoin d'une main réparatrice*. C'était, en d'autres termes, admettre que la puissance créatrice qui avait produit l'univers n'avait pas été assez prévoyante pour lui donner une organisation stable. Leibnitz, le rival de Newton dans l'invention du calcul infinitésimal, mais métaphysicien d'un ordre bien supérieur, contesta énergiquement la singulière assertion de Newton ; il montra qu'il était absurde d'admettre que celui qui avait primitivement fait le monde n'eût pas su en assurer indéfiniment la conservation, et qu'il fut de temps en temps obligé de remettre la main à son œuvre. Sénèque avait dit de l'auteur de la nature ces mots sublimes : *Semel jussit, semper paret* ; « il a ordonné une fois, et depuis il s'obéit à lui-même. » Enfin David, le premier des inspirés, affirme que Dieu ne se contredit pas : *Dominus juravit et non poenitebit eum.*

Ce sont principalement ces perturbations réciproques des corps célestes qui ont exercé le génie de notre Laplace. Aidé des progrès que l'analyse mathématique transcendante avait faits depuis Newton, Laplace attaqua de front ces inextricables difficultés. Au moyen d'approximations habilement conduites, il put aborder des problèmes que ses devanciers avaient jugés au-dessus des forces de l'esprit humain. Il mesura la portée de ces actions secondaires que Newton avait cru capables de faire péricliter le monde : il reconnut qu'elles étaient essentiellement périodiques, et qu'après avoir un peu faussé dans un sens la marche régulière des planètes, elles agissaient ensuite en sens contraire, défaisant plus tard le petit effet nuisible qu'elles avaient d'abord produit, et balançant le système du monde autour d'un état moyen dont il s'écarte très peu, à peu près comme le long du cours de l'année les vingt-quatre heures du jour tantôt allongent, tantôt diminuent de quelques secondes l'intervalle de temps précis qui sépare deux midis successifs. Chose curieuse, ou vit un esprit éminemment religieux révoquer en doute la sagesse et la prescience de la Divinité, et un esprit sceptique établir que le monde était assujetti à des lois tellement sages, que sa stabilité ne courait aucun risque ! Le temps lui-même, dont Newton avait craint la fatale influence, concourait à assurer l'édifice en ramenant en sens contraire les effets qui primitivement avaient pu tirer le système du monde de sa position moyenne. Suivant la belle expression de Claudien, Laplace avait absous la Divinité :

Absolvitque deos…

Ce serait une tâche curieuse que de faire connaître ces brillantes et importantes déductions de l'analyse transcendante, qui, entre les mains des héritiers de Newton et de Laplace, et notamment dans celles de M. Le Verrier, ont conduit à des résultats si inattendus pour le présent, le passé et l'avenir du monde solaire. Quelque admirables qu'ils soient cependant par la puissance de l'analyse, les travaux de Laplace s'offriront à nous aujourd'hui sous un autre aspect, et nous aiderons à suivre les développements principaux de va science du globe dans le triple domaine de la cosmographie, de la géologie, et particulièrement des recherches cosmogoniques.

Laplace fait justement remarquer que l'astronome, qui dans ses formules embrasse l'ensemble des mouvements célestes, peut en ce sens *prédire l'avenir*, puisqu'ayant le secret de ces mouvements il peut annoncer quelles seront dans les âges futurs les positions des astres. Le passé, pour l'espèce humaine, est à peu près aussi obscur que l'avenir, car chacun sait combien faible est la certitude, de l'histoire, cette mémoire du genre humain, aussi peu infaillible que la mémoire des individus. Les formules de l'astronomie mathématique nous disent quel était il y a plusieurs siècles l'état du ciel, comme elles nous disent ce qu'il sera dans les siècles à venir, et quand une éclipse ou un autre phénomène céleste correspond à un fait historique, on sait avec précision dans quelle année, dans quel mois et à quel jour il faut placer l'événement désigné par cette chronologie astronomique.

Ce n'est pas seulement toutefois aux événements historiques que la curiosité ambitieuse de l'esprit humain vient s'attaquer, et l'état actuel du globe, avec les traces qu'y ont laissées les catastrophes diverses qu'il a subies, semble provoquer la recherche des causes qui ont amené successivement les divers dépôts et stratifications qui composent le sol que nous foulons aux pieds. Là, les dépôts de la mer et ses productions végétales et animales alternent avec les depuis formés à découvert sous l'air et le ciel. Chaque couche fluviale ou marine est une immense catacombe des êtres existants à une époque ancienne, et d'après la lenteur de formation de ces couches successives on juge pendant combien de millions de siècles la nature a été en travail producteur pour arriver à l'état actuel avec l'homme, qui sur la terre ne date que d'un petit nombre de milliers d'années, et qu'à la lettre on peut dire n'exister que d'hier. Il s'agit donc de reconstituer les âges passés de la terre et sa population d'êtres vivants à chaque période. Tel est le problème que la nature semble jeter en défi à l'intelligence humaine avec toutes ses complications, et rien n'est plus littéralement applicable à ceux qui recherchent les causes de l'état actuel de la terre que cette expression biblique, que le *monde a été livré en proie à leurs discussions (mundum tradidit disputationi eorum)*. Plus d'une fois même le zèle pour la vérité a engendré la passion, et la géologie a eu ses volcans et ses tremblemens de terre au moral comme au physique.

Il y aurait bien un moyen simple de se tirer d'affaire : c'est de prétendre, avec l'éloquent Bernardin de Saint-Pierre, que tous les êtres dont nous voyons les débris dans les entrailles de la terre n'ont réellement pas vécu, et que le monde *a été fait tout vieux*. Telle est la propre expression de ce génie si éminemment littéraire. Suivant lui, le monde n'a point eu d'enfance. Il a été créé de manière à fonctionner tout de suite. Des forêts en pleine croissance ont été formées telles que nous les voyons aujourd'hui, pour abriter ou nourrir des animaux qui n'avaient point passé par l'enfance et l'âge adulte. Les oiseaux de proie ont alors dévoré des cadavres qui n'avaient point eu la vie. *On y a vu des jeunesses d'un matin et des décrépitudes d'un jour*. Enfin, si les couches inférieures du sol tiennent en dépôt de si prodigieuses quantités de végétaux, de coquillages, de débris de poissons, d'oiseaux, de quadrupèdes, semblables ou non semblables aux habitants actuels de la terre, c'est que leur présence était nécessaire à l'harmonie du globe. Si l'on admettait cette théorie, il faudrait admettre que la nature a voulu préparer à l'homme une étrange déception, car elle a organisé les terrains de nos continents de manière à convaincre l'esprit le plus incrédule que l'état actuel du globe avec ses habitants d'aujourd'hui n'est pas le premier état qui ait existé. En tenant compte seulement de la vie à ciel découvert, les habitants de Londres ne sont que les seconds locataires de leur contrée, les Parisiens n'en sont que les troisièmes occupants, et les Autrichiens de Vienne sont la quatrième population de leur localité.

L'histoire et la théorie des catastrophes successives qui ont peuplé et dépeuplé alternativement d'animaux marins et terrestres les diverses parties de notre globe, constituent ce qu'on appelle les *époques géologiques* et quelquefois les *époques de la nature*, quand on ne considère celle-ci que dans l'enceinte de notre terre. Pour porter le flambeau dans la nuit des siècles antérieurs, on s'aide de toutes les lumières des sciences. Les lois de la mécanique, de la physique, de la chimie, sont consultées et donnent l'exclusion ou la confirmation aux hypothèses proposées par l'imagination, qui à l'ordinaire marche toujours en avant, négligeant un pénible contrôle qui cependant lui est indispensable. Puis on note toutes les indications relatives à la forme des terrains, à leur nature, à leur stratification, aux débris organiques qu'ils contiennent tant pour les productions de la mer que pour celles de la terre. Le nombre des alternances et des retours de la mer est un élément important de la question, ainsi que la nature du sol que roulaient à chaque époque les générations vivantes qui pullulaient dans certaines localités. Enfin l'atmosphère d'alors, sa composition, son action sur le climat, sur la vie, sur les éléments de la terre, avec sa chaleur présumée, tout est mis en ligne de compte. C'est avec ces données, empruntées à l'observation aidée des lois physiques de la nature, que le géologue ressuscite pour ainsi dire le monde à chacune des époques du passé, à peu près comme les géographes, aidés de l'histoire, nous donnent des cartes de l'empire grec, de l'empire romain ou de l'empire de Charlemagne.

Mais ces fruits de l'arbre de la science, d'un accès si difficile, n'ont pas encore satisfait la soif de savoir qui semble l'élément fondamental de l'âme humaine, toujours prête, comme nos premiers païens, à préférer la science à tout, même au bonheur. L'état du globe terrestre antérieur à notre époque devait lui-même résulter d'un état précédent, qui en était la cause, et dont il n'était que l'effet. De proche en proche, on arrivait à la formation de la terre elle-même et des astres ; c'était ce qu'on appelait et qu'on appelle encore la *cosmogonie*, ou la théorie de la formation de l'univers. Quand on pense combien les anciens avaient fait peu de progrès dans les sciences d'observation, et avec quel succès au contraire ils avaient cultivé les arts d'imagination, on conçoit facilement combien de cosmogonies durent être admises, même en faisant abstraction de toutes les cosmogonies théologiques. La hardiesse des *faiseurs de mondes* imaginaires a persisté presque jusqu'à nos jours, et Descartes lui-même, le père du doute et de la réserve, on ne peut plus infidèle à ses principes, avait fait le monde avec *le plein et la matière subtile mue en tourbillons*. Cicéron disait qu'il ne concevait pas que deux aruspices pussent se regarder sans rire ; et moi je dis que je ne conçois pas comment Descartes, ce grave métaphysicien, pouvait sérieusement se regarder dans une glace !

Avant d'aller plus loin, précisons bien exactement, et en remontant vers le passé, les trois époques ou périodes de la nature entre lesquelles nous venons de voir se partager la curiosité de l'esprit humain. Il y a d'abord la période actuelle, c'est-à-dire l'ordre de choses dans lequel nous vivons depuis la dernière catastrophe du globe, qui date seulement de quelques dizaines de siècles. C'est l'*époque historique*, qui n'est caractérisée que par de petits changements très lents dans la forme et l'aspect actuel des continents et des mers, changements qui semblent la continuation affaiblie de l'effet des grandes causes qui ont amené le dernier bouleversement. — En second lieu, il y a la période ou les *époques géologiques*, comprimant tous les changements qui, à plusieurs reprises, ont bouleversé subitement là face du globe, déplacé les mers, remplacé en chaque localité la vie à ciel découvert par la vie sous-marine, et réciproquement, englouti des populations entières d'êtres vivants, végétaux et animaux, et laissé dans les entrailles de la terre, par la nature et la position des roches primitives et volcaniques, aussi bien que par les dépôts et stratifications postérieures et par les débris des êtres vivants à chaque âge de la terre, des monuments permanents dont l'inspection offre au géologue des hiéroglyphes bien autrement importants à déchiffrer que ceux de l'Égypte et de l'Assyrie. — La troisième et la plus ancienne époque de la nature est l'*époque cosmogonique.* La science qui traite de cette époque considère comment l'état de la terre, au commencement des âges géologiques, a pu être la suite d'une formation astronomique probable, d'où la terre et les planètes, comme la lune et les satellites, auraient tiré leur origine, elle remonte ainsi jusqu'au moment où les corps célestes qui peuplent le ciel par multitudes innombrables n'étaient encore qu'une matière chaotique disséminée dans l'univers, laquelle, sous l'influence des lois bien connues de la chaleur et de l'attraction, et avec l'aide de ce grand enfanteur de toutes choses, le temps, a donné naissance aux amas d'étoiles, aux soleils, aux planètes et aux satellites.

De ces trois âges du monde, — l'âge cosmogonique, l'âge géologique, l'âge historique, — le premier seul est ici l'objet de notre étude. C'est en prenant pour guide le génie de Laplace et ses déductions mathématiques que nous essaierons de soulever le voile que le temps et la nature ont jeté sur l'histoire primitive de notre planète. Tout a cédé au génie de l'homme, et ce « temps qui dévore tout ce qu'il crée, et ce passé envieux qui détruit comme le temps. »

Tempus edax rerumm, tuque, invidiosa vetustas,

Omnia destruitis…

Il serait injuste de ne pas placer en tête de toutes les cosmogonies celle qui se trouve au commencement des livres saints, et qui, depuis plusieurs années, a tant exercé la sagacité des théologiens et des savants, surtout de ceux du protestantisme. Partant de ce principe métaphysique, parfaitement infaillible, que deux vérités ne peuvent pas être en opposition, ils ont recherché avec soin la concordance des Écritures avec la géologie, et ils se sont appuyés des découvertes de celle-ci pour pénétrer le sens souvent obscur des expressions bibliques. On compterait par centaines le nombre des ouvrages théologiques ayant pour objet *la concordance des quatre évangélistes.* Eh bien ! la concordance de la géologie et de la Genèse menace d'en produire encore davantage. Des fondations pieuses en Angleterre ont été consacrées à cette recherche, tant il est vrai que l'esprit humain ne peut se résoudre à ignorer même ce que peut-être il lui est impossible de savoir ! Tout en ne partageant pas la sollicitude inquiète qui pousse vers cet ordre d'idées les sectes chrétiennes, où prévaut le libre examen individuel, et en laissant de côté l'interprétation symbolique ou littérale des diverses assertions du *livre*, — qui en France ont été suivies avec la plus rare sagacité par M. L'abbé de Tinseau jusque dans leurs extrêmes déductions, — nous reconnaîtrons et nous prendrons dans la Bible une date bien exacte de l'époque où s'est opérée la dernière catastrophe qui a donné à la surface de la terre l'aspect que nous lui voyons aujourd'hui.

Mais dépassons l'époque de cette dernière catastrophe ; remontons au-delà des âges historiques, au-delà même des âges géologiques. Où était alors notre terre ? D'où vient-elle ? A-t-elle toujours occupé sa place actuelle dans le monde planétaire ? Si elle a fait partie du chaos, comment en est-elle sortie ? A quelle origine faut-il rapporter et sa formation et celle de toutes les autres planètes solaires ? Celles-ci, au moment où j'écris, sont pour nous au nombre de quarante-trois, savoir quatre planètes de grosseur moyenne voisines du Soleil : Mercure, Vénus, la Terre (ou Cybèle), et Mars ; quatre grosses planètes éloignées du Soleil : Jupiter, Saturne, Uranus et Neptune ; enfin trente-cinq petites planètes dans une position intermédiaire entre Mars et Jupiter. Il y a quelques jours encore, ce nombre n'était que de trente-deux ; mais grâce à la découverte de M. Chacornac de l'observatoire de Paris, à celle de M. Goldschmidt dans son atelier de peintre, aussi à Paris, et enfin à celle de M. Luther, à l'observatoire de Bilk, près de Düsseldorf, nous en comptons aujourd'hui trente-cinq.

Les questions que nous venons de poser ont été débattues de tout temps par les savants comme par les poètes : nous ne voulons résumer ni les théories des uns ni les rêves des autres. Nous arrivons tout de suite à une des plus célèbres cosmogonies, celle de Buffon, qui imagine de faire sortir la terre et les planètes de la substance même du soleil au moyen d'une comète qui, venant choquer cet astre, en aurait détaché une traînée de matière fondue, dont les diverses parties, se conglomérant par l'attraction newtonienne en sphères de matière liquide, seraient devenues les divers globes planétaires qui circulent autour du soleil. Il est heureux que le choc en question n'ait eu lieu qu'une fois, car autrement il y aurait plusieurs systèmes de planètes autour de notre soleil ; et tandis que toutes nos planètes tournent autour de l'astre central d'occident en orient, suivant le zodiaque, il y aurait eu d'autres ensembles de planètes qui suivraient d'autres zodiaques autour de cet astre. Alors la stabilité du système établie par Laplace n'aurait plus lieu, et il y aurait à craindre l'effet des perturbations mutuelles de ces planètes, différentes de route comme d'origine. Laplace, et même tous ceux qui ont la moindre notion des mouvements d'un corps autour d'un centre attirant, savaient que quand un corps qui circule autour d'un autre a passé une fois par un point, il y revient à chacune de ses révolutions. Ceux qui, connaissant cette loi, adoptaient la théorie de Buffon, devaient donc se demander pourquoi les planètes ne revenaient pas constamment toutes passer par le point d'où elles avaient été détachées du soleil, et en raser la surface, tandis qu'au contraire elles tournent autour de lui dans des orbites presque circulaires et indépendantes les unes des autres. Enfin la preuve que l'idée de Buffon était inadmissible, c'est que l'observation nous a appris que toutes les comètes sont des corps tellement légers et si peu compactes, que le choc d'une comète, bien loin de pouvoir détacher du soleil une masse considérable de matière, ne pourrait même pas se faire jour au travers de notre atmosphère pour venir heurter notre globe.

Ce qu'il y avait de conforme aux faits dans l'hypothèse de Buffon, c'était que chaque planète, ainsi détachée d'un globe ardent, pouvait être considérée comme une masse fluide de chaleur et complètement fondue. Tel est en effet l'état où se trouve encore l'intérieur de notre terre. À mesure que l'on pénètre à des profondeurs de plus en plus grandes, la chaleur augmente graduellement ; et, d'après la loi de l'augmentation de cette température, on conclut qu'à une profondeur de soixante kilomètres toutes les matières que nous connaissons comme appartenant à la masse centrale de la terre doivent être en fusion. D'après ce système, un puits très profond doit être plein d'eau chaude, puisque le fond en est dans une région où la chaleur est considérable. Telle est la cause de la température élevée des eaux provenant des puits forés à une grande profondeur ; telle est encore la cause des eaux thermales naturelles qui, pour être telles, n'ont besoin que de provenir d'une cavité profonde, comme il doit s'en rencontrer dans les terrains à couches très accidentées et qui ont été disloquées dans les diverses réduites qui ont suivi la diminution du noyau de la terre, à mesure qu'il se contractait en se refroidissant ; telle est enfin la cause qui, dès que l'écorce solide du globe vient à se fendre ou à se briser, amène à sa surface, sous forme de lave, la matière fondue elle-même dont le noyau de notre planète est formé.

Buffon n'a pas suivi toutes ces déductions modernes de la science géologique ; mais l'origine ignée qu'il attribue à la terre se trouvant d'accord avec les faits subséquents, on pouvait ne pas se montrer trop difficile sur la vraisemblance de l'hypothèse par laquelle il prétend expliquer l'état primitif du globe. Cet état est prouvé par la configuration même de cette planète et de toutes les autres qui ont la forme aplatie d'une orange, laquelle ne convient qu'à des corps fluides tournant sur eux-mêmes. La mécanique seule suffit pour démontrer mathématiquement ce fait important ; mais l'importance même d'un tel résultat a engagé les expérimentateurs à le reproduire. Ils ont donc emprisonné de l'eau dans une enveloppe flexible ; et, la posant sur une plate-forme tournante, ils ont vu la boule fluide s'aplatir en s'étendant dans le sens où se faisait la rotation. Le célèbre physicien de Gand, M. Plateau, correspondant de l'Institut de France, a opéré encore plus délicatement. Il a fait artistement flotter une grosse boule d'huile dans un mélange d'eau et d'alcool. Cette boule, sans enveloppe, était soutenue par le fluide environnant, comme si elle eût été dans l'air, sans appui et sans pesanteur. Faisant ensuite tourner le vase qui la contenait, ainsi que le liquide environnant, il voyait la boule d'huile s'aplatir légèrement, comme la Terre et Mars, quand le mouvement était faible ; mais avec une vitesse de rotation plus grande, l'aplatissement était égal ou même supérieur à l'aplatissement de Jupiter et de Saturne, lesquels tournent sur eux-mêmes avec rapidité, avec des jours de neuf à dix de nos heures terrestres, et par suite nous offrent des globes bien plus déprimés que la Terre et Mars, qui tournent, comme on sait, à peu près en vingt-quatre heures.

Enfin Laplace vint ! — C'est dans son *Exposé du Système du Monde*, ouvrage singulier de prétention mathématique, qu'il faut chercher ses idées sur la formation mécanique de la terre et des planètes. Ici il n'y a pas à craindre qu'une science sévère vienne contrôler et contredire les déductions d'une théorie due à l'auteur de la *Mécanique céleste*. C'est au contraire la science du mouvement qui sert de guide au théoricien, dès qu'il a posé son hypothèse première, savoir, que la terre et les planètes ont pour origine l'atmosphère même du soleil dont elles ont autrefois fait partie, et qui, en se resserrant autour de l'astre, par suite d'un refroidissement graduel, a dû tourner de plus en plus vite, de manière à rester suspendue à distance, comme la lune reste suspendue au-dessus de la terre, en vertu de son mouvement, qui l'éloigne autant de nous que la pesanteur la ramène, en sorte qu'elle reste toujours à la même distance. C'est en nous appuyant sur le célèbre ouvrage de Laplace, sans en copier servilement le texte, que nous chercherons à résumer les connaissances actuelles sur la physique de l'univers.

Avant de faire des planètes avec les atmosphères des soleils, faisons les soleils eux-mêmes. Tout le monde sait que notre soleil est l'un des individus d'une innombrable multitude d'astres pareils qui trace dans le ciel la bande étoilée, très irrégulière, qui constitue ce qu'on appelle la *voie lactée*. Le télescope nous révèle de plus dans le ciel bien des centaines d'agglomérations pareilles qui, à cause de leur prodigieuse distance, paraissent d'une petite étendue, comme serait la moitié ou le quart de l'espace que la lune occupe sur la sphère céleste. Néanmoins les puissants télescopes d'Herschel permettaient d'apercevoir que chacun de ces petits nuages blancs était un composé d'étoiles. On les y voyait comme des grains brillants de sable et de poussière, ὅσα ψάμαθός τι κόνις τι, suivant l'expression d'Homère pour désigner des objets en nombre infini. L'analogie voulait que d'autres petites nébulosités que le télescope ne pouvait séparer en étoiles distinctes fussent considérées comme des amas d'étoiles trop éloignées pour que la vue pût les distinguer. C'est ainsi que les réverbères de la splendide illumination journalière de l'avenue des Champs-Eysées de Paris, se distinguent les uns des autres jusqu'à une certaine distance du promeneur ; plus loin ils se rapprochent tellement en perspective, qu'il est impossible de les distinguer à œil nu ; une lorgnette de spectacle permet de les séparer un peu plus loin encore, mais ils finissent par se confondre en vertu de la distance. Qui croirait que cette analogie ne frappa pas l'esprit, que dis-je, le sens commun d'Herschel !! Les nébuleuses que son admirable instrument ne résolvait pas en étoiles isolées, furent considérées par lui comme des niasses d'une matière continue qu'il appela *matière nébuleuse*, ainsi qu'on désignerait le petit nuage blanc que donne un grain de phosphore qui brûle, ou bien le premier gaz que dégage une allumette chimique. Et de ces nébulosités, contre toute analogie, *il fit des étoiles* ! Suivant lui, une nébulosité, en se condensant, donne naissance à un soleil. Chose plus étonnante, le sévère auteur du *Système du monde*, cette incarnation de l'esprit mathématique, adopte de confiance cette bizarre idée. Il voit dans les nébuleuses plus ou moins arrondies des étoiles en voie de formation, c'est-à-dire de concentration, oubliant qu'à l'épouvantable distance où sont ces masses brillantes il faudrait, pour fournir à la matière d'une de ces nébuleuses, bien des milliers de soleils, quelque légère que l'on supposât la matière de ces corps célestes. Ajoutez que ces nébuleuses qu'on croyait irréductibles en étoiles n'étaient pas les plus faibles du ciel. La fameuse nébuleuse d'Andromède se voit très bien à l'œil nu. Celle d'Orion est encore plus brillante, et munie elle est, je crois, la plus brillante du ciel, tellement que Derham croyait que c'était une ouverture dans notre ciel terrestre au travers de laquelle on entrevoyait les splendeurs du ciel empyrée, demeure des bienheureux. J'ai pendant longtemps été seul à combattre l'idée anti-analogique du célèbre astronome anglais à grand renfort de raisons physiques et mathématiques. Enfin, dans ces dernières années, lord Rosse inaugura le milieu du XIXe siècle par la construction d'un télescope gigantesque, connue Herschel père en avait inauguré le commencement par les découvertes dues à son télescope de quarante pieds. Alors les nébuleuses rebelles se réduisirent en étoiles, et il fut bien avéré, comme du reste la logique l'avait proclamé d'avance, que la matière d'une nébuleuse contient de quoi produire un nombre infini d'étoiles.

Faut-il conclure de là que les étoiles n'ont pas été produites par la matière primitive de l'univers qui, en vertu de l'attraction, se serait conglomérée en plusieurs globes solaires ? .Nullement. La chose n'offre rien d'impossible ; mais entre la possibilité et la réalité il y a loin, et en nous hâtant trop d'adopter cette formation, nous ferions injustice à d'autres hypothèses qui se présenteront peut-être. En attendant, les esprits qui ne peuvent rester dans le doute et qui *veulent* à toute force *savoir*, ou plutôt *croire*, pourront admettre une *matière chaotique* primitivement existante dans tout l'univers stellaire, et se rassemblant en masses isolées pour former des étoiles. Ces étoiles ultérieurement se rapprocheront entre elles en prenant un mouvement de rotation, et formeront ces étonnantes nébuleuses en spirales que lord Rosse a découvertes dans le ciel avec son puissant appareil. Ces traînées de soleils tombant vers un centre commun jusqu'à ce que les forces répulsives de la chaleur les arrêtent, sont, à mon sens, le témoignage de la plus immense période de durée que le ciel ait indiquée à l'intelligence de l'homme. Déjà, en voyant des étoiles toutes formées, on pense bien, avec le calme des régions célestes, qu'il a fallu beaucoup de siècles pour amasser, arrondir, dégager, et pour ainsi dire *individualiser* la matière qui compose chaque soleil : mais quand on voit une masse de soleils, une voie lactée tout entière, qui s'est mise en mouvement et a pivoté sur son centre de gravité de manière à former par le rapprochement de ses soleils des spirales d'étoiles allant en tournant vers un point de réunion future, on est effrayé du temps qu'il a fallu pour produire des effets si grands avec des forces si petites. Pour sentir encore mieux l'immensité de ces périodes de temps écrites dans leurs effets, remarquons que, dans les soleils ou étoiles fixes qui entourent le nôtre, nous observons de minimes déplacements qui n'ont point ôté à ces astres le titre d'étoiles fixes à cause de leur petitesse presque infinie, Or, comparativement, nous voyons ces étoiles de fort près. Que serait-ce donc si nous les observions à la distance où sont les nébuleuses ? Leurs mouvements ne seraient perceptibles qu'après des centaines de milliers de siècles. Combien donc de ces milliers de siècles ont dû s'écouler pour avoir eu le temps de produire avec des forces si faibles des effets si prononcés, et pour avoir disposé en Elles spirales toutes les étoiles d'une nébuleuse ! A ce point de vue, la découverte des *nébuleuses spirales* par lord Rosse nous étend l'univers en durée tout autant que les travaux de sir William Herschel et de sir John Herschel l'ont étendu en profondeur par leurs catalogues d'environ quatre mille nébuleuses. Ce nombre, avec le grand télescope d'Herschel, eût été sans doute dix fois aussi grand, et avec le télescope de lord Rosse, qui a six pieds anglais d'ouverture, si on le transportait vers le sommet des hautes régions des montagnes équatoriales, on peut présumer qu'on verrait la voûte céleste entière, *plafonnée* de nébuleuses, et ne laissant que de rares interstices sans matière perceptible.

Au reste, tout indique que l'univers, ou, pour parler plus exactement, cette portion de l'univers où nous sommes confinés, marche vers un degré de refroidissement ultérieur. L'hypothèse même de la formation des étoiles par une condensation et une réunion de la matière chaotique admet tacitement qu'un refroidissement graduel a permis à l'attraction universelle de réunir des élémetns stellaires. C'est aussi en vertu de l'attraction devenue prépondérante par suite du refroidissement qu'ont dû s'opérer dans les étoiles toutes formées les traînées spirales qui les ont rapprochées en les faisant tourner autour du centre de gravité de l'ensemble. — Ainsi donc voici pour notre soleil les données d'où part Laplace. La matière des soleils, et spécialement celle du nôtre, s'est conglomérée en vertu d'une moindre chaleur ou refroidissement qui a permis aux particules disséminées de se réunir en une vaste masse enveloppée d'une atmosphère qui était d'autant plus étendue que la chaleur primitive était plus grande. La condition de la formation du soleil semble ainsi être identique avec l'idée de refroidissement de l'espace céleste, puisque si la chaleur, force essentiellement opposée à la condensation d'une masse gazeuse, n'eût pas été en faiblissant, on ne voit pas de raison d'admettre la condensation de la matière chaotique en soleils. Nous partirons donc avec Laplace de cette hypothèse d'un refroidissement graduel.

En plaçant l'origine de nos déductions au moment où le soleil formait une vaste masse tournante enveloppée d'une atmosphère que sa chaleur primitive maintenait très compacte, on voit qu'à mesure que le refroidissement s'opérera, cette atmosphère diminuera de hauteur et se rapprochera de la masse centrale. Tournant alors dans un cercle plus petit, elle devra aller plus vite, ainsi que l'exige la loi infaillible de la conservation du mouvement Enfin il arrivera un moment où ce mouvement sera tellement rapide, qu'il contrebalancera la pesanteur dans l'équateur de la masse tournante, et qu'alors toutes les parties qui forment un anneau dans cet équateur, resteront suspendues et ne suivront pas le mouvement de condensation du reste de la masse. C'est ainsi qu'aux distances où sont maintenant Saturne, Jupiter, la Terre, etc., le soleil, en se refroidissant, a abandonné des bandes annulaires de vapeurs, lesquelles ont toutes gardé dans le sens du zodiaque le sens du mouvement primitif dirigé suivant l'équateur solaire, de l'occident à l'orient, ce qui explique admirablement ce fait si merveilleux que toutes les planètes tournent dans le même sens autour du soleil et à peu près dans le même plan suivant la route que l'on appelle le zodiaque, et qui traverse le ciel de l'occident à l'orient. Une fois ces bandes circulaires abandonnées et suspendues par leur mouvement même à diverses distances du soleil, la matière de chacune s'est, en vertu de l'attraction, réunie en une seule masse arrondie, et la planète a commencé d'exister sous une forme isolée à peu près semblable à ce qu'elle est maintenant. Il serait un peu long et assez difficile, sans l'aide de figures, de suivre Laplace dans ses déductions ultérieures ; il explique très heureusement comment les planètes ainsi formées se sont mises à tourner sur elles-mêmes dans le sens de leur rotation autour du soleil, ce qui, après leur avoir donné leurs années, a fait leurs jours, et des jours d'autant plus courts que la planète est plus grosse. De plus, et ceci est capital, à mesure que les planètes se sont refroidies, leur atmosphère a fait autour d'elles ce que celle du soleil a fait autour de cet astre en donnant naissance aux planètes. L'atmosphère des planètes, en se contractant, est restée suspendue en anneaux circulaires qui plus tard ont produit les lunes ou satellites qu'on voit tourner autour de la Terre, de Jupiter, de Saturne, d'Uranus et de Neptune. Enfin le système solaire nous offre un exemple de ces anneaux qui se formaient autour des planètes ; car Saturne, indépendamment de huit lunes ou satellites, possède toujours un anneau ou plutôt un ensemble de trois anneaux qui ne se sont point encore brisés pour former d'autres satellites à la planète. Voilà une explication bien simple à laquelle on était loin de s'attendre pour un phénomène aussi extraordinaire que le sont les anneaux de Saturne. Je passe bien d'autres conséquences de cette belle théorie, et notamment la cause qui a déterminé dans le mouvement de la lune cette particularité si étonnante, qu'elle nous tourne la même face, particularité que partagent du reste les autres lunes ou satellites par rapport à leur planète principale.

On juge ordinairement de la valeur d'une théorie par le nombre plus ou moins grand de faits qu'elle explique et lie ensemble ; mais de plus, il faut avant tout qu'elle ne soit en contradiction avec aucune loi établie dans la nature. La théorie cosmogonique de Laplace satisfait à toutes ces conditions. Elle est amenée d'abord par les indices du refroidissement graduel qui semble propre à la partie de l'univers que nous occupons. Ce refroidissement se traduit par l'agglomération de la matière primitive et la formation des soleils. Chaque soleil, encore très dilaté par la chaleur, est pourvu d'une atmosphère immense qui, d'après les lois du mouvement, abandonne, suivant la direction de l'équateur de ce soleil, des anneaux de cette atmosphère, qui plus tard se brisent et s'arrondissent en planètes. De là tous les mouvements coordonnés dans le même sens et dans la même région du ciel. De là encore tous les mouvements dans des cercles exacts et non point dans des courbes très allongées qui viendraient raser le soleil pour s'éloigner ensuite considérablement de cet astre, comme cela résulterait de l'hypothèse de Buffon. Ensuite vient secondairement la naissance des lunes ou satellites formés autour des planètes, comme celles-ci l'ont été autour du soleil, puis cette heureuse explication de l'*inexplicable* anneau de Saturne', enfin cent autres détails auxquels cette théorie s'est pliée soit entre les mains de Laplace, soit entre celles de ses successeurs. D'après la théorie présente, et en nous restreignant à notre planète, nous la voyons primitivement faisant partie, de l'atmosphère embrasée du soleil, puis constituant une bande de feu isolée circulairement au-dessus de la surface de cet astre et ne suivant plus le reste de l'atmosphère solaire dans sa retraite. Lorsqu'ensuite toute la matière de la bande ou anneau de vapeurs incandescentes s'est réunie en un seul globe arrondi et tournant sur lui-même ; et quand l'atmosphère de ce globe a donné naissance à la lune, la terre se trouve réduite à des conditions à peu près semblables à celles où la théorie de Buffon plaçait notre globe à son origine, du moins sous le rapport de l'incandescence et de l'état de fusion primitive. Tout ce qu'a dit Buffon de sa *terre* peut donc s'appliquer à la *terre* de Laplace, sauf quelques particularités relatives à l'état de la matière au centre de notre globe, lesquelles sont mieux représentées par la théorie du géomètre que par celle du naturaliste. Tout le bénéfice des déductions de Buffon est ainsi acquis à la théorie de Laplace, et il est surprenant que cette dernière soit aussi peu connue et aussi peu populaire. Celui qui, après l'avoir bien comprise, la développerait en s'aidant de figures gravées et en évitant le style d'oracle et le langage impitoyablement mathématique de son auteur, rendrait un vrai service aux *consommateurs* de la science, en mettant à leur portée les plus belles déductions rétrospectives des notions de l'analyse transcendante et de la mécanique. L'homme, comme le voyageur, n'aperçoit bien que ce qui est autour de lui. Sa vue atteint difficilement l'espace lointain vers lequel il marche, comme il cesse d'apercevoir les parties de la route qui sont derrière lui. Homère, à tout instant, parle du passé, du présent et de l'avenir, et il met sur le même rang de difficulté la connaissance de ces trois existences. En astronomie et dans la vie sociale, le passé, comme étant la cause infaillible de l'avenir, est aussi important à connaître et souvent tout aussi difficile à faire éclore dans les théories. Calculer une éclipse qui a eu lieu il y a deux mille ans, est tout aussi pénible et incertain que d'en prédire une pour l'an 3855. Je sais bien que l'école utilitaire me répondra que, pour les besoins de la géologie, la théorie de Buffon, écrite en beau style, lui suffit, à peu près comme certaines gens portent volontiers un diamant faux, pourvu qu'il ait le munie éclat qu'une pierre fine ; mais ce diamant factice ne résiste pas longtemps à l'usage : il se raie, se ternit et se détériore promptement. D'ailleurs il est toujours pour une théorie imparfaite quelque point où son insuffisance se trahit. Pour la théorie de Buffon comparée à celle de Laplace, le point d'insuffisance se trouve dans la puissante réaction que le noyau encore élastique du globe doit exercer de l'intérieur à l'extérieur, réaction si bien reconnue et établie par M. de Humboldt et tout à fait inexplicable dans le système de Buffon. J'y ai rattaché le fait presque incroyable des projections de certains volcans à l'origine de leurs éruptions. L'énergie de ces premières convulsions souterraines pour lancer la matière éruptive, serait inexplicable dans toute autre théorie. Souvenons-nous aussi de la réponse de Pythagore à un interlocuteur qui lui demandait quel était avant tout le caractère distinct if de l'homme au milieu de tous les êtres. « C'est, dit le philosophe, la connaissance de la vérité. » Or quel est celui qui ferait cas d'une pièce d'or ou d'argent, s'il la savait fausse ?

Si j'en juge par l'impression qu'a faite sur moi la première lecture du chapitre du *Système du monde*, où Laplace développe ces grandes idées sur la formation du système solaire, il n'est point de lecteur qui ne dût être émerveillé de ces oracles de la science positive qui nous font assister, non pas à la création du monde, comme le pensent à tort des esprits irréfléchis, mais bien à un développement des lois de la nature dans l'organisation si importante pour nous de notre soleil, des planètes et des satellites, et enfin de notre terre elle-même. Au reste il faut que le sujet de sa nature soit fort attrayant, car il n'est, je pense, aucune personne ayant dans la science une autorité, si minime qu'elle soit, qui n'ait été poursuivie par les faiseurs de mondes. À chaque contradiction qu'on leur fait remarquer, ils demandent grâce en annonçant que plus tard on trouvera la rectification de l'erreur signalée. Or cette rectification est la plupart du temps une énormité tout aussi grande que la première absurdité. — Voilà un vers qui a un pied de trop, disait Sixte-Quint à un poète qui lui faisait hommage d'un sonnet. — Que votre sainteté ait la bonté de continuer ! dit le poète. Sans doute elle en trouvera par compensation un autre qui aura un pied de moins. — Voilà l'image fidèle de l'entêtement des faiseurs de cosmogonie. De plus, tous menacent de porter hors de notre pays le fruit de leurs élucubrations et de priver ainsi leur *ingrate pairie* de la gloire qu'elle devait attendre des créations de leur génie. Je n'ai point encore appris que la France ait eu à déplorer de pareilles pertes. Tout ce que j'ai pu conclure de ces tristes communications, c'est la vérification de ce théorème aussi sûr que tous ceux de la géométrie, savoir qu'il serait plus facile de donner du bon sens à un fabricateur de mondes que de lui persuader qu'il n'en a pas. La cosmogonie marche de pair avec le mouvement perpétuel.

Une fois la terre constituée avec sa lune et son atmosphère réduite à une limite bien distincte de tous les autres corps célestes, nous entrons dans la série des considérations géologiques. Peu à peu les liquides que la chaleur tenait en suspension dans l'atmosphère à l'état de vapeur commencent à se précipiter en pluies de diverse nature. Nous avons déjà dit que c'est à certaines pluies de substances carbonifères que M. Boutigny attribue la formation des houillères. Cette idée généralisée est neuve et féconde. Aucun théoricien jusqu'ici n'a suivi ces diverses précipitations de notre atmosphère, qui ont dû avoir lieu à mesure que le refroidissement forçait chacune des substances primitivement en vapeur de retomber en liquide sur le noyau central. Ainsi, vers la température de 350 degrés thermométriques, les pluies de mercure ont commencé ; les pluies d'eau n'ont été possibles que quand l'atmosphère n'était plus qu'à 100 degrés. À quelle époque ont commencé les précipitations des autres substances, soit simples, soit composées ? Quelles étaient au milieu de tous ces matériaux hétérogènes les réactions chimiques de ce vaste laboratoire atmosphérique, à l'équateur, vers les pôles et dans les régions intermédiaires ? Suivant les belles expressions de Lucain, — cherchez, ô vous que préoccupe l'organisation du monde !

Quœrite, quos agitat mundi labor et cura !

Peu à peu la surface du noyau terrestre se solidifie par un refroidissement subséquent, et prend une épaisseur capable de servir de fond et de bassin aux eaux et aux liquides, qui abandonnent sans retour l'atmosphère pour former les mers des divers âges. Ces dépôts fluides réagissent, ainsi que l'atmosphère elle-même, sur les matières combustibles ou salifiables de la partie solide. Par un refroidissement prolongé du noyau, et par suite de sa réduction à un plus petit volume, la croûte enveloppante, portée sur un noyau devenu trop petit, se brise à plusieurs époques dont les périodes deviennent d'autant moins fréquentes, que cette croûte prend plus d'épaisseur et de solidité. Enfin, le refroidissement général étant devenu suffisant, la vie apparaît à la surface du monde.

Nous voilà en pleine géologie et à la seconde époque de l'existence de notre globe. Cette seconde époque embrasse la suite de son histoire jusqu'au moment de l'apparition, comparativement très récente, de l'homme sur la terre. À partir de cette dernière transformation de l'aspect de notre planète, on n'observe plus que des influences très limitées des grandes causes qui ont à plusieurs reprises bouleversé la nature entière ; mais les changements météorologiques qui stérilisent ou fertilisent de vastes étendues de sol à la surface de la terre ne sont guère moins importants pour la race humaine que les changements géologiques. D'ailleurs ceux-ci persistent encore par des effets séculaires très manifestes. Jusqu'à ce jour, ceux qui cultivent les sciences d'observation, trop amoureux de la gloire qui suit les recherches originales, n'ont pas songé à coordonner les acquisitions de la science et à compter les joyaux de leur trésor enfoui, dont ils ne font aucune part au public. Cependant, lorsqu'en répondant seulement aux questions des amateurs de la science, on voit combien leur imagination saisit de rapprochements ingénieux, de points de vue nouveaux et importants, d'idées fécondes et originales, on ne peut s'empêcher de regretter qu'il n'y ait pas plus d'ouvrages destinés à l'exposition des vérités scientifiques, où chacun puiserait suivant sa portée et ses besoins, Bacon a vanté *la science des ateliers* où l'*ingéniosité* de l'homme est sans cesse stimulée par le besoin d'obtenir un résultat pratique. Que dire de la *science des salons*, où la pensée, libre des soins matériels, est un plaisir comme un besoin ? Il ne s'agit que de savoir écouter, et non pas de vouloir exclusivement *se faire*

Jacques Babinet

écouter. L'initiation de la société à la science en général était le grand but que s'étaient proposé les encyclopédistes dans le siècle dernier. Les sociétés semblent demander aujourd'hui ce qu'on semblait leur imposer il y a un siècle. J'entrevois que pour la société française en particulier, tant pour les hommes de loisir que pour les travailleurs obligés, l'exposition universelle de l'industrie qui va s'ouvrir sera une école qui déterminera bien des vocations capables de faire honneur à la France. L'exemple est le premier de tous les maîtres ; et, comme le remarque très bien Tacite, il est dans la nature des hommes de suivre volontiers une initiative qu'ils ne prendraient pas d'eux-mêmes : *Insitâ mortalibus naturâ, properè sequi quoe piget inchoare.*

Lorsque j'ai parlé de ces grandes déductions des formules mathématiques qui nous montrent le système solaire stable au milieu de légers balancements qui se compensent de siècle en siècle, on a pu craindre que ces sublimes vérités ne fussent à jamais inaccessibles à ceux qui ne sont pas mathématiciens de profession. C'est une grande erreur. Tous ceux qui admirent une œuvre monumentale, comme une basilique, un pont, un viaduc, un canal, une jetée en mer, ne seraient sans doute pas capables de travaux si difficiles ; mais ils sont peut-être plus aptes que d'autres à admirer les travaux du génie, et plus curieux même de les contempler. Tout ce qui est réellement grandiose se comprend facilement. Que l'on dise que, dans le système du monde, le *désordre*, si l'on peut s'exprimer ainsi, est tellement circonscrit, qu'il ne peut jamais atteindre une limite qui ferait péricliter le monde : que le balancement annuel de l'axe de la terre soit fixé à quelques deux-cent-millièmes, que le balancement séculaire soit reconnu être de un ou deux degrés, en sorte que le climat de Paris oscille entre celui d'Orléans et celui d'Amiens : l'esprit le plus superficiel comprendra ces énoncés si simples, et n'ira pas redouter, pour le présent ou l'avenir, des catastrophes chimériques., encore moins exiger que la puissance créatrice apporte à l'univers une main réparatrice, ce qui serait, comme nous l'avons déjà dit, l'inadmissible aveu d'un manque de prévoyance ou d'habileté.

Laplace, à la fin de l'exposé de son système cosmogonique, consacre quelques mots aux comètes, qu'il déclare en général étrangères à notre système solaire. En effet, la marche de ces astres, si près du néant par la petite quantité de matière qu'ils contiennent, n'offre aucune régularité. Ils viennent de tous les points du ciel et parcourent indifféremment dans tous les sens l'espace étoilé. Ce sont sans doute de petites vapeurs cosmiques fort inoffensives qui traversent le système des étoiles jusqu'à ce qu'elles viennent se heurter à quelque soleil qui les absorbe en les arrêtant, ou que, par suite de l'action des planètes près desquelles elles passent, leur marche soit rendue circulaire ou presque circulaire autour du soleil. C'est presque toujours la planète Jupiter qui, par sa grande masse et son attraction énergique, fausse la route de ces astres et les fait, pour un temps du moins, circuler autour du soleil. Suivant l'expression pittoresque de sir John Herschel, Jupiter est le tyran des comètes. Jusqu'ici, quatre seulement de ces astres ont été vus deux fois. Ce sont les comètes d'Halley, d'Encke, de Biéla et de Faye. Au mois d'août prochain, la question sera décidée pour une cinquième comète, celle du père Vico, qui n'a encore été vue qu'une fois. La fameuse comète de trois cents ans de révolution, et qui était attendue pour 1848, n'a point encore reparu. Il est vrai qu'elle a obtenu des mathématiciens une permission de *prolongation d'absence* jusqu'en 1858, avec deux ans de plus ou de moins, en sorte que nous l'aurons, j'ose dire certainement, entre 1856 et 1860. J'ai déjà parlé bien des fois de cette comète aux lecteurs de la *Revue*, et mon impatience de la voir de retour ne fait que s'accroître d'année en année. Ce sera une belle acquisition pour l'astronomie qu'un astre qui, dans sa révolution *triséculaire*, tantôt rasant le soleil, tantôt s'en éloignant à d'immenses distances, vérifiera plusieurs des lois du mouvement, et sera pour la terre une espèce de courrier revenant voir tous les trois siècles si les hommes ont été en se perfectionnant pendant le cours d'une si longue période. Sa dernière apparition fut en 1556, époque de l'abdication de Charles-Quint, qui, dit-on, s'y décida à la vue de ce messager céleste qui semblait lui commander de résigner la puissance souveraine. Elle n'aura pas tant d'autorité en 1858.

La cosmogonie de Laplace n'est pas moins heureuse à expliquer l'origine de ces masses compactes désignées si justement sous le nom de pierres tombées du ciel, qui nous arrivent des espaces étrangers à notre terre. Il est en effet naturel de penser que toute la matière abandonnée par l'atmosphère du soleil ne s'est pas exactement réunie en une seule masse planétaire. Plusieurs portions de substance matérielle placées hors de l'action de la masse principale, y ont échappé provisoirement et ont dû faire comme de petites planètes minimes, circulant autour du soleil selon les mêmes lois que les grandes agglomérations, peuplant ainsi de petits corps invisibles tout l'espace céleste jusqu'à ce que la terre, venant à passer par là, les amène à elle par sa force attractive, les enveloppe dans son atmosphère qui les arrête, et enfin les précipite sur le sol en vertu de leur pesanteur. Mais le détail de ces curieux phénomènes nous écarterait des limites où nous voulons nous renfermer aujourd'hui. Je me borne à remarquer qu'on ne parle jamais avec effroi de ces chutes d'aérolithes qui ont été fatales à plus d'un individu de notre espèce, tandis que les pauvres comètes, les plus inoffensifs de tous les êtres, ont encore une assez mauvaise réputation. Une pierre volumineuse, tombée près d'Ensisheim, avait été suspendue par une chaîne à la voûte de l'église avec cette curieuse inscription dont je ne connais pas l'auteur : *De hoc multi multa, omnes aliquid, nemo satis*. Ce latin me parait ressembler beaucoup au style de Tacite. Il signifie que sur cette matière beaucoup de gens ont parlé, que tout le monde a dit son mot, mais que personne n'a épuisé la matière. Nous pensons que la belle théorie cosmogonique de Laplace donne un démenti formel à l'inscription d'Ensisheim. Suivant cette même théorie, les étoiles filantes, ces feux que nous voyons briller si inopinément pendant les nuits sereines, seraient aussi des substances étrangères à la terre que notre atmosphère enflammerait au moment où elles y pénètrent, et qui ne différeraient des masses qui nous donnent des pierres et des météores compactes que par une constitution gazeuse et légère qui les rendrait incapables de fendre l'air et de laisser des traces sensibles de leur existence. On a cependant quelquefois recueilli le résidu de leur combustion. On espérait beaucoup que ces substances étrangères à la terre nous amèneraient des éléments chimiques nouveaux, et l'excellent chimiste Laugier avait analysé dans cet espoir un grand nombre de pierres tombées du ciel ; mais il n'y a trouvé que les mêmes substances chimiques connues sur notre terre et dans nos laboratoires. Rien n'est du reste extraordinaire ici, car ces petites planètes, formées dans la même région céleste que la terre, ont dû l'être de matériaux de même nature, et par suite il n'y a pas d'analogie physique ou logique blessée par l'identité chimique des aérolithes avec la terre.

Pour conclusion à cette étude, on peut dire que si la cosmogonie de Laplace ne satisfait pas à tout ce que l'esprit humain, toujours un peu présomptueux, avait ambitionné de savoir, si elle ne remonte pas jusqu'aux causes premières, elle recule du moins les bornes de la science, ou, si l'on veut, de l'ignorance, jusqu'à une distance qui fait honneur au génie de l'homme. Nous suivons assez loin la généalogie de notre globe terrestre pour que ses titres de noblesse astronomique remontent à une date respectable. J'avoue que je n'entrevois pas comment on pourrait remonter plus haut dans les âges cosmiques : je serais donc tenté de dire avec Pline que nous devons nous contenter de ce que nous avons découvert, et laisser à la postérité *quelque petite chose à faire* pour la vérité. Cependant si, à l'exemple de Fontenelle, nous introduisions dans un dialogue des morts l'auteur romain de l'*Histoire Naturelle* et l'auteur français du *Système du Monde*, Pline ne serait-il pas un peu embarrassé devant Laplace, et celui-ci n'aurait-il pas beau jeu à lui reprocher ses assertions orgueilleuses ?

Pour ces trois périodes de l'existence du monde, savoir les *âges cosmogoniques*, les *âges géologiques* et les *âges historiques*, il est évident que chaque durée est fort inégale. La dernière période, qui date de l'époque où la nature a pris l'aspect que nous observons aujourd'hui, et où l'homme est entré sur la terre, est comparativement très courte, et ne remonte environ qu'à six mille ans ; mais en ce qui concerne l'homme, l'importance de cette période compense son défaut d'antiquité. Quand on sonde les terrains inférieurs, on y trouve les indications de plusieurs catastrophes antérieures ; on y voit la mer tour à tour envahir et délaisser les diverses contrées, après avoir pris le temps d'y accumuler les débris des êtres vivants qui n'ont pu s'y amasser que par un laps immense de temps. Il n'y a plus d'années, plus de siècles, qui puissent mesurer la durée de ces périodes géologiques. Le chanoine Recupero, qui s'était pour ainsi dire identifié en Sicile avec l'Etna, comptait avec stupeur le nombre des coulées de laves entassées par ce volcan depuis les couches situées à trois mille mètres de hauteur, jusqu'à celles qui étaient plus basses que le pied de la montagne. Cette observation lui décelait une durée inconcevable pour l'âge du monde, que l'on ne savait pas alors interpréter symboliquement. Qu'eût-il dit, s'il avait eu sous les yeux tous les faits de la science moderne relatifs à la formation des terrains tertiaires produits sous l'empire de la vie, pendant des périodes sans fin, des durées sans limites ? La conclusion à tirer de ces observations, c'est que l'état actuel du globe étant de très récente date, et chacun des états successifs étant de longue durée, il n'y a pas lieu de craindre d'ici à longtemps pour le genre humain ce qu'on appelait vulgairement la fin du monde. L'histoire manquera de chronologie avant qu'une nouvelle catastrophe terrestre vienne clore les destinées de la race qui domine aujourd'hui sur le globe. Dans ces âges futurs, pour lesquels la durée de nos empires sera à peine perceptible, que sera la gloire, et que seront devenues surtout nos gloires actuelles qui nous passionnent tant ?

Les termes manquent, à plus forte raison, pour exprimer la durée de l'âge cosmogonique qui a précédé les âges géologiques. Concevoir la matière disséminée dans l'espace, et sa lente agglomération en masses distinctes, en soleils, en nébuleuses ou amas de soleils, puis concevoir que tout cet ensemble ait eu le temps de pivoter sur son centre, en laissant des traces de la disposition que lui a imprimée son mouvement, c'est vouloir, à la lettre, se figurer l'*éternité* du passé !

En revenant à l'humanité, qui ne songera à ces paroles de Pindare qui datent de cinq siècles avant notre ère : « Les hommes éphémères, — car qu'est-ce que l'existence, qu'est-ce que le néant ? — les hommes éphémères ne sont que le rêve d'une ombre ! »

Σκιᾶς ὄναρ ἄνθρωποι

L'espace, la matière, le temps manquent également à l'individu de notre espèce. Il n'est quelque chose que par son intelligence. Cette vérité tant répétée n'en est pas moins toujours nouvelle.

Laplace, dans sa *cosmogonie* (mot qu'il s'est bien gardé de prononcer), examine en passant l'opinion singulière des Arcadiens, qui se croyaient plus vieux que la lune, *cet astre*, dit Horace, *qui est postérieur aux antiques Arcadiens.* Je remarque que le Péloponèse a toujours eu maille à partit avec la lune. Quelques anciens croyaient la lune juste de la grandeur du Péloponèse ; sans aucun doute, le lion de Némée était tombé de la lune ; enfin les Arcadiens avaient été témoins de la naissance de ce satellite, qui, jusqu'à Galilée, fut un grand embarras dans toutes les théories. Les convenances d'analogie furent satisfaites quand Galilée d'abord, et ensuite Huygens et Cassini, eurent vu les lunes des autres planètes. On avait donc imaginé de faire la lune avec une comète que la terre aurait enchaînée à sa destinée ; mais cette idée ne soutient pas l'examen. Une comète, *ce rien visible*, n'a point assez de masse pour former la moindre planète ou le moindre satellite, J'ai prouvé qu'une, couche d'air d'un mètre d'épaisseur illuminée par le soleil serait plus brillante qu'une comète. Toutefois, en laissant de côté cette raison péremptoire de ne pas rapporter l'origine de la lune à une comète, conçoit-on pour Jupiter et Saturne la chance qui, pour leur donner des lunes, aurait fait arriver l'une après l'autre toutes ces comètes dans le même plan, et suivant l'équateur de la planète ? Sans doute une comète qui passerait près de la terre infléchirait sa course à mesure qu'elle s'en rapprocherait, mais ensuite elle retournerait vers les espaces célestes, et son mouvement ne ressemblerait en rien à la marche de notre lune, admirablement balancée entre son mouvement en ligne droite, qui l'éloigné de la terre, et sa chute vers nous, qui la ramène d'autant, en sorte qu'elle conserve sa position sans aucun appui. Plusieurs personnes à qui j'expliquais cette belle idée, qui est de Borelli et que Voltaire attribue à tort à Newton, s'inquiétaient de ce qui arriverait si ce mouvement en ligne droite, qui éloigne la lune, n'était pas égal à l'effet de la pesanteur qui la ramène. Alors ils craignaient que dans un cas la lune ne disparût dans l'espace et nous privât de ses services, ou bien qu'elle ne tombât sur la terre, où elle couvrirait bien plus que Le Péloponèse et ferait de terribles dégâts. Eh bien ! la mécanique théorique rassure tout le monde. Ou peu plus ou un peu moins de vitesse dans la lune ne produit qu'un peu d'allongement dans sa route circulaire autour de la terre ; et, au lieu d'un cercle parfait, elle décrit ce qu'on appelle vulgairement un cercle allongé, c'est-à-dire une ellipse. C'est l'une des courbes étudiées dans l'école de Platon, lequel ne se doutait guère alors du rôle astronomique que Kepler devait faire jouer plus tard à cette courbe, longtemps négligée d'après cette idée que le cercle était la seule courbe assez parfaite pour que l'auteur de la nature put s'en servir.

Deux ou trois érudits ont cherché à établir que l'antiquité avait tout su. Les modernes n'avaient fait que retrouver la science des anciens. Télescope, microscope, électricité, aimant, attraction même, tout était dans les ouvrages des Grecs et des Romains. Cette exagération n'a pas besoin d'être réfutée. Les sciences d'observation sont de date très récente, et ne remontent guère à plus de deux siècles. Il est donc curieux de voir comment une des écoles grecques concevait la formation du monde. On sait que Virgile n'était exclusivement d'aucune secte philosophique, quoique généralement il fût ce qu'on appelait *académicien (academicus)*, c'est-à-dire platonicien. Ainsi les vers que j'ai mis en tête de cette étude pourraient être un résumé des opinions cosmogoniques de Pythagore et de Platon, qui adopta dans sa vieillesse le système de Pythagore, reproduit par Copernic dans les temps modernes. D'autres pensent que Virgile prit ses idées aux initiés des mystères, qui semblent avoir eu bien des notions exactes qu'ils ne divulguaient pas. Quoi qu'il en soit, on peut dire que l'auteur de cette théorie eut une sorte de prescience de la théorie cosmogonique de Laplace. Il montre d'abord la matière disséminée dans l'espace, ensuite se réunissant et s'agglomérant pour former les astres et le globe de la terre lui-même à l'état naissant. Si le lecteur veut bien ouvrir un Virgile à la sixième églogue, il verra que le poète passe très fidèlement des époques cosmogoniques aux époques géologiques, car il nous montre ensuite le sol se consolidant, la mer se séparant des continents, le soleil éclairant la terre pour la première fois, elles nuages, disséminés dans l'atmosphère, laissant tomber la pluie d'en haut. Plus tard, les végétaux apparaissent, puis les animaux, qui errent en petit nombre sur des montagnes encore sans nom. Enfin le poète passe à la naissance de l'homme et aux premiers âges de Saturne et de Prométhée, qui donne aux mortels le feu céleste. On voit que rien ne manque à la succession des événements.

La théorie que Virgile développe ici en style poétique ferait grand honneur à l'antiquité, si elle eût été généralement adoptée ; mais à côté de l'école, quelle qu'elle soit, qui professait cette belle doctrine, il en était d'autres où l'on enseignait que le soleil était un globe n'ayant qu'un pied de diamètre. Le secret de ces rencontres merveilleuses et du peu d'estime qu'on en a fait, c'est que la Grèce et l'antiquité ont tout dit, mais qu'elles n'ont rien démontré.

C'est aux séances de l'École normale primitive, en 1796, que Laplace exposa en peu de mots ses idées sur la formation du système solaire, que depuis il développa de plus en plus dans les éditions subséquentes du *Système du Monde*. La science de l'empire (si la science peut être annexée à une forme de gouvernement quelconque) était trop exclusivement mathématique, pour que l'on pût apprécier toute la portée de cette théorie physique du monde considéré dans sa formation. L'auteur lui-même, trop partial pour ses travaux sans pairs dans la mécanique céleste, semble avoir placé au second rang sa *cosmogonie*, qu'il ne présente, dit-il, qu'avec la défiance que doit commander tout ce qui ne découle pas exclusivement des considérations mathématiques. Il semble n'avoir pas estimé à sa juste valeur ce fruit de son génie, à peu près comme Christophe Colomb mourut sans savoir qu'il avait découvert un nouveau monde et dans l'idée qu'il avait atteint l'Asie orientale, en quoi il ne faisait erreur que de la moitié du contour de la terre ! Suivant l'expression d'Arago, les physiciens ont longtemps traîné les mathématiciens à la remorque. Enfin, grâce aux travaux de Gay-Lussac, d'Haüy, de Malus, de Biot, de Young, de Thénard, de Davy, de Coulomb, de Charles Dupin, d'Ampère, des mécaniciens et des industriels modernes, et surtout grâce à l'initiative d'Arago, qui, suivant l'expression pittoresque que j'emprunte à Voltaire, avait enfin *dégorgé son école mathématique*, les sciences physiques eurent leur existence indépendante, et leur *nationalité* fut enfin reconnue. Sans compter tout ce que fit la chimie pour les besoins et la prospérité des nations, la physique et la mécanique nous donnèrent les bateaux à vapeur, les chemins de fer et le télégraphe électrique, indiqué avec son nom actuel, par Ampère, en 1822. Cette réaction méritée en faveur de la science physique, *felix meritis*, suivant une épigraphe consacrée, ramena les esprits à une juste appréciation de la cosmogonie de Laplace, qui, en 1827, un siècle exactement après Newton, laissa, comme Alexandre, sa couronne scientifique *au plus digne.*

Depuis cette époque jusqu'au milieu du XIXe siècle, tout a confirmé cette belle assertion de Napoléon, savoir que dans les sociétés modernes *le pouvoir de la science fait partie de la science du pouvoir.* Au moment où j'écris, depuis quelques jours seulement, un câble électrique de 600 kilomètres (150 lieues !), jeté au travers du Pont-Euxin, nous apporte en quelques heures des nouvelles des intrépides argonautes français et anglais de la Crimée. Oserais-je citer ici quelques paroles de l'un des membres de l'Académie des sciences, le maréchal Vaillant, ministre de la guerre, à qui on demandait quelques renseignements sur le télégraphe sous-marin de la Mer-Noire : « J'envoie ma dépêche au général Canrobert, et j'en ai la réponse plus tôt que je ne l'aurais par lettre d'une ville située à moitié chemin de Lyon, de Bordeaux ou de Strasbourg, sans être encore revenu de mon étonnement sur ce prodige ? » Il est du devoir de la *Revue des Deux Mondes* de protester contre l'indifférence publique à l'égard de ce fait merveilleux. Il est des hommes qui ne seraient pas surpris si on leur annonçait une dépêche télégraphique venant de la Lune, de Vénus ou de Jupiter !

Revenant à notre sujet, nous dirons que la *cosmogonie* de Laplace a clos l'ère des divagations scientifiques relatives à la formation du monde. Il est difficile d'espérer une autre théorie qui explique tant de faits divers et se prête à de si nombreuses exigences. — Mais, dira-t-on, pourquoi remonter si haut dans la série des âges et ne pas partir de la fluidité primitive de la terre, comme l'a fait Buffon (à part sa comète invraisemblable), pour entrer dans la série des époques géologiques et se livrer à des études moins hypothétiques ? — Je répondrai que les études cosmogoniques, bien loin de contrarier les déductions de la géologie, leur prêtent au contraire l'appui de leurs lumières pour écarter bien des opinions erronées.

Les atlas modernes de la géographie physique nous donnent, sur des cartes spéciales, la distribution des plantes, des animaux et des races humaines ; les cartes géologiques s'occupent de fixer, pour les diverses époques qui ont précédé l'âge historiques, la distribution des êtres vivants qui primitivement peuplèrent le globe. On va même chercher avec la sonde au fond des mers les restes des espèces éteintes ou de celles qui ont survécu à la dernière catastrophe. Eh bien ! ne serait-il pas curieux de voir, dans un allas de figures astronomiques, se dérouler la série des transformations qu'a subies la matière chaotique, disséminée d'abord sans forme dans l'espace illimité de l'univers, puis devenant des agglomérations de voies lactées ou nébuleuses formant des amas d'innombrables soleils ? Ensuite autour de chaque soleil naîtrait un cortège de planètes. Plus tard, ces figures nous montreraient chaque planète enfantant les satellites qui sont aux planètes ce que celles-ci sont aux soleils. Alors chaque monde ayant son atmosphère individuelle, et se trouvant 18olé de tout autre corps céleste, les tableaux d'astronomie physique se transformeraient en cartes géologiques, qui, jointes aux atlas récents de géographie physique, comprendraient l'histoire entière de l'univers, telle que l'homme peut ou la savoir, ou l'imaginer.

ISBN : 978-1546624660